GEOLOGIA ECONÔMICA

editores
PROF. DR. ANDERSON COSTA DOS SANTOS
GILMAR PACHÁ SILVA
ilustrações de ISAURA DA SILVA

GEOLOGIA ECONÔMICA

Autores: Gilmar Pachá Silva/ Prof. Dr. Anderson Costa dos Santos (FGEL-UERJ)

Editores: Prof. Dr. Anderson Costa dos Santos/ Mestrando Gilmar Pachá Silva (FGEL-UERJ)

Revisor Científico:

Profª. Drª. Mariana Brando Soares (FGEL-UERJ)

Projeto de Extensão nº 5872 - Incorporação de tecnologia no aprendizado da geociência (desde 2018)

Revisores Ortográficos: Profª. Drª. Poliana Arantes/ Roberto Fernandes (ILE-UERJ)

Designer Gráfica: Isaura da Silva

ISBN: 978-65-5842-423-9

Apoio:

CNPq Museus Edital 2022

FAPERJ JCNE Edital 2022

Produtividade CNPq Edital 2021

PROCIÊNCIA editais 2020 e 2023

PR3-DEPEXT

FGEL-DMPI-UERJ

Grupos de Pesquisa: TEKTOS - GeoBioTec - IDL

Universidades Parceiras: UFOP - UFMG - UFBA - UnB - UFG - UFRJ

Editora Ciência Moderna Ltda.
R. Alice Figueiredo, 46 – Riachuelo
Rio de Janeiro, RJ – Brasil CEP: 20.950-150
Tel: (21) 2201-6662/ Fax: (21) 2201-6896
E-MAIL: LCM@LCM.COM.BR
WWW.LCM.COM.BR

Geologia Econômica CDD 553

01/25

Agradecimentos

Agradeço aos autores das cartilhas pelo empenho apresentado para sua consecução, aos revisores científicos e linguísticos, à Anna Caroline Costa dos Santos pela idealização da logo, à designer gráfica pela produção dos personagens e da diagramação. Agradeço ao prof. Hermínio Ismael de Araújo Júnior pela inspiração em criar as apostilas de divulgação científica. Não obstante, às entidades de fomento FAPERJ e CNPq pelo apoio financeiro no desenvolvimento dos trabalhos aqui apresentados. Por fim, dedico todos esses trabalhos à minha sobrinha Melina Costa de Carvalho, por ter me inspirado em transformar a linguagem científica em palavras simples para que a ciência seja universalmente compreendida.

Apresentação

Olá!

Você que está lendo esse trabalho, saiba que ele foi idealizado para que você conheça um pouco mais sobre o mundo das geociências! Conhecer e saber como o planeta em que vivemos evoluiu nos ajuda em muitas questões atuais como exploração de bens naturais econômicos, uso e recurso da água, dos oceanos, nos faz entender um pouco mais sobre climatologia, sobre os registros do passado e de que forma podemos pensar sobre o futuro.

Queremos te ensinar um pouquinho mais sobre geociências e transmitir o conhecimento para outras pessoas. Ela foi pensada para promover e instigar a sua curiosidade pela ciência e pelos cuidados com o Planeta Terra.

E aqui, nós vamos ser os seus guias nessa jornada! Vamos explorar juntos e aprender mais sobre as geociências de maneira fácil e divertida.

Então se prepare para embarcar em uma experiência rica em conhecimento com a gente!

Vamos lá?

Sumário

GLOSSÁRIO

DEPÓSITOS LATERÍTICOS: deposição de elementos químicos no solo, provenientes do processo de intemperismo.

MINERAL: substância de ocorrência natural, sólida, cristalina, geralmente inorgânica, com uma composição química específica.

MINÉRIO: são depósitos em grande concentrações de minerais valiosos, ou seja, que possuem um alto valor de venda. Um mineral pode ser valioso pelo seu emprego industrial, por ser considerado de beleza única ou por ser utilizado como moeda de troca.

MINA: escavação feita pelo homem com o objetivo de retirar do solo e rochas minerais úteis ao homem.

PROSPECÇÃO: é o estudo e pesquisa para a identificação de possíveis acumulações de minerais e minérios.

INTRODUÇÃO

Bem-vindos (as), nesta cartilha vamos viajar pelo mundo da geologia econômica. Isso mesmo! Vamos falar sobre o que o nosso planeta nos oferece de mais valioso/ precioso, e que é utilizado com frequência no nosso dia-a-dia.

Há cerca de 20 mil anos, o homem utilizava instrumentos feitos de pedra para caçar, cozinhar, lutar e construir. Este período é conhecido como Idade da Pedra. Após o desenvolvimento das aldeias e tribos, onde o homem passou a construir tendas, praticar a agricultura e a domesticar animais, suas ferramentas de trabalho também precisaram evoluir, num período conhecido como Nova Idade da Pedra ou Neolítico. Estas ferramentas eram forjadas a partir de metais de cobre, bronze e ferro. Esse é o primeiro registro do uso de minerais como ferramenta pelo homem!

Figura 01 - Pontas de flechas encontradas no Sítio Arqueológico Alice Boer, São Paulo, datado de 8 a 6 mil anos.
Fonte: Revista Pesquisa Fapesp

O uso do Cobre é reconhecido a partir dos 5 mil anos a.C (antes de Cristo), no Oriente Médio, enquanto que o Bronze teve início há 4 mil anos a.C, no Egito. (DE MORAES, 2022). A utilização do ferro demorou mais um pouco, tendo seu início na Ásia por volta de 1.500 a.C, e ficou conhecida em 1.000 a.C. (XAVIER, 2006). Após a descoberta do ferro e suas aplicações, as civilizações se desenvolveram de forma mais acelerada com construções, armamentos e ferramentas mais resistentes.

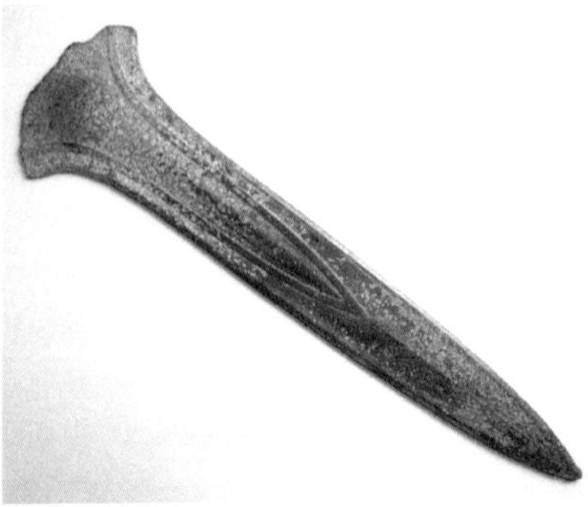

Figura 02 - Artefato de bronze datado de 1.700 a 1.500 a.C, Museu de Arqueologia Nacional, Saint- Germain-en-Laye, França.
Fonte: Musée Archéologie Nationale

Observando a história recente, um dos marcos mais importantes foi a Revolução Industrial no final do século XVIII e início do século XIX, com o desenvolvimento de ferrovias por toda Europa e nos EUA. As ferrovias são construídas com a utilização de ferro e ligas metálicas (misturas metálicas) contendo ferro como principal ingrediente. Estas revoluções transformaram o ferro no metal mais importante do mundo!

O desenvolvimento das tecnologias no século XX, como carros, computadores e aeronaves e, principalmente, no século XXI, com os celulares, expansão das redes de comunicação via telefone e internet, popularização de computadores super potentes e carros elétricos, desencadeou uma série de novos metais de interesse comercial e industrial como: cobalto, lítio, tântalo, índio, gálio, selênio e zircônio, além de elementos químicos muito raros chamados de terras raras como o lantânio e o európio. Estes avanços reforçaram também a utilização de metais de uso mais clássico, como o cobre que é utilizado na produção de cabos elétricos.

Para sustentar estes novos interesses e a produção industrial acelerada, se faz necessário o estudo e o conhecimento de novos minérios através dos estudos de prospecção mineral e o desenvolvimento de novas minas realizados por profissionais que possuem esse conhecimento. Estes são os geólogos, geofísicos, geotécnicos, engenheiros de minas e engenheiros metalúrgicos.

Apesar dos recursos naturais serem encontrados na natureza e estarem presentes em várias localidades, alguns países possuem reservas minerais mais abundantes como: China, Canadá, Rússia, Brasil, Estados Unidos, Austrália e África do Sul. Estes países possuem uma concentração elevada de ferro, cobre, ouro, urânio, diamante e elementos terras-raras.

O Brasil sempre foi destaque pela abundância de recursos naturais. Isto é conhecido desde o século XVIII com as grandes expedições para o interior do país em busca de ouro e diamante. O país continua desde então sendo destaque como fonte de recursos para o mundo.

AGORA VAMOS APRENDERR SOBRE OS NOSSOS BENS MINERAIS!

Depósitos e minérios do Brasil

Os bens minerais do Brasil se encontram espalhados pelo país. Como o território do país é muito grande, temos uma grande riqueza em depósitos minerais já que existem aqui ambientes geológicos variados. Isso faz com que diferentes minérios sejam encontrados em nosso solo, como ferro (Fe), ouro (Au), diamante, cobre (Cu), níquel (Ni), zinco (Zn), chumbo (Pb), lítio (Li), nióbio (Nb), fósforo (P) e elementos terras-raras, além de minerais vendidos pela sua beleza, chamados de gemas, como ametista, água marinha, esmeralda, turmalina paraíba, e rochas ornamentais conhecidas por sua beleza e durabilidade como granitos e mármores.

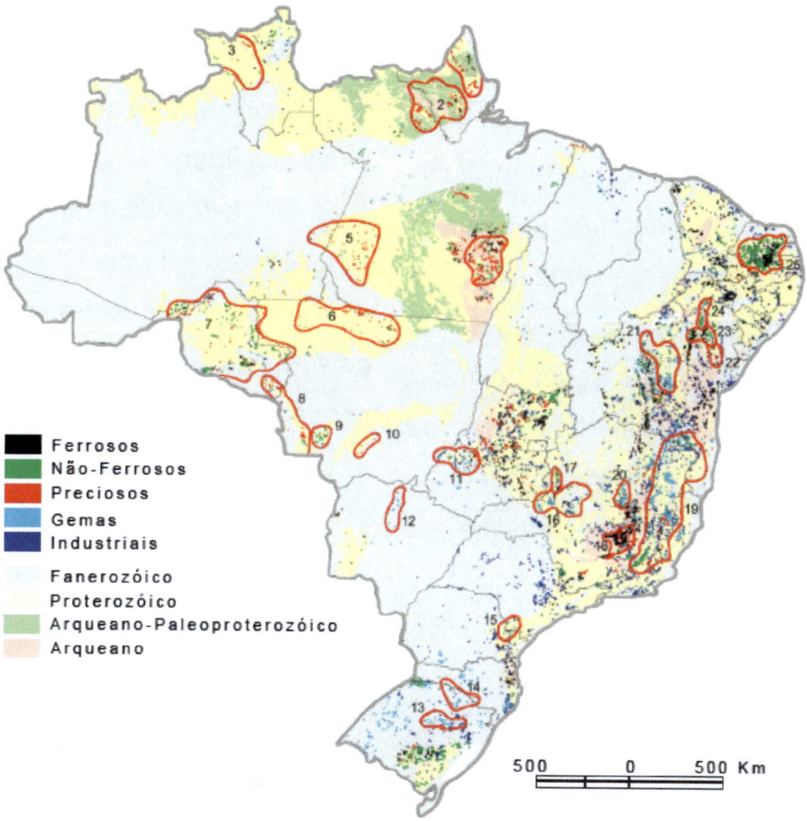

Figura 03 - Principais províncias e distritos minerais do Brasil. 1. Serra Lombarda/Tartarugalzinho (Au) 2. Vila Nova (Au, Cr) 3. Parima (Au, Sn) 4. Carajás (Fe, Mn, Au, Cu, Ni) 5. Tapajós (Au) 6. Alta Floresta/Aripuanã (Au, Zn. Pb, Cu) 7. Rondônia (Sn, Au) 8. Alto Guaporé (Au) 9. Alto Jauru (Au, Cu) 10. Cuiabá/Poconé (Au) 11. Alto Araguaia (diamante) 12. Coxim (diamante) 13. Salto do Jacuí (ágata, ametista) 14. Alto Uruguai/Iraí (ágata, ametista) 15. Vale do Ribeira (Pb, Zn, Ba, Ag) 16. Alto Paranaíba (diamante) 17. Morro Agudo/Vazante (Zn, Pb) 18. Quadrilátero Ferrífero (Fe, Mn, Au) 19. Brasil Oriental (Li, Be, gemas) 20. Diamantina (diamante) 21. Chapada Diamantina (diamante) 22. Rio Itapicuru (Au) 23. Rio Jacurici/Campo Formoso (Cr) 24. Rio Curaçá (Cu) 25. Seridó/Borborema (W, Nb)
Fonte: Extraído e modificado de BIZZI, LUIZ et al., 2003.

Agora vamos estudar e explorar três dos principais minérios do Brasil: ferro, ouro e diamante!

O Ferro

O ferro é um dos elementos da natureza mais usado pela humanidade neste século XXI. No entanto, seu uso já era importante ainda nos tempos antigos da Mesopotâmia (XXX a.c.) e do Egito. No início, o ferro era obtido através de meteoritos e raras concentrações no solo, dessa forma era raro e caro, sendo símbolo de riqueza e poder. Era,inclusive, mais caro que o ouro ! Nessa época, o ferro era usado para construção de lanças, pontas de flecha e itens religiosos.

Por volta de 1300 a.C a metalurgia começou a se desenvolver na Ásia, e três séculos depois chegou na Europa e África, porém de início sua utilização em larga escala foi difícil por questões de extração e as elevadas temperaturas necessárias para fundição.

O aprimoramento da fundição facilitou a agricultura com o desenvolvimento de ferramentas e também a formação de grandes impérios, pois espadas e armaduras passaram a ser usadas pelos exércitos dos povos mais ricos, que assim conquistaram mais territórios.

Propriedades do Ferro

O ferro possui número atômico 26 e massa atômica 56, é um metal maleável, de coloração cinza prateada. Sua ocorrência na natureza se dá geralmente combinada com oxigênio ou outros metais. Quando ocorre na forma do mineral magnetita (Fe3O4) apresenta propriedades magnéticas, ou seja, pode ser atraído por um imã.

Uma características negativas do ferro do ponto de vista industrial é que se oxida com facilidade, ou seja, ele reage muito facilmente com oxigênio. Isso pode gerar corrosão nos materiais de ferro, dando uma cor alaranjada, e diminuir sua durabilidade. Dessa forma, para otimizar sua utilização são feitas ligas com o cromo (Cr), dando origem ao que conhecemos como aço, tornando-o mais resistente à corrosão, sendo chamados de aço inoxidável.

Figura 04 - Fotografia do ferro.
Fonte: Oeste Comercial de Ferro e Aço

Onde podemos encontrar Ferro?

O ferro é um dos elementos químicos mais abundantes na terra, além de ser considerado um elemento abundante no universo, sendo encontrado em inúmeros meteoritos. Observando a imagem, os depósitos de ferro (locais onde

existem grandes concentrações de ferro) estão presentes em todos os continentes, porém em poucos países.

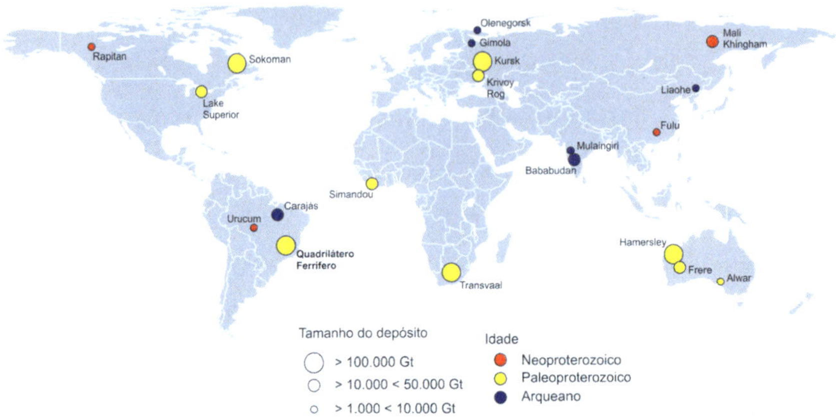

Figura 05 - Mapa representando as distribuições e o tamanho dos maiores depósitos de ferro do mundo.
Fonte: Recursos Minerais de Minas Gerais - RMMG

No nosso planeta, existem mais de 300 minerais que possuem em sua composição química o ferro, porém a maioria não possui teor suficiente para ser utilizado como minério. Os minerais que se destacam pela teor de ferro são: hematita (Fe2O3), magnetita (Fe3O4), limonita FeO(OH), siderita (FeCO3), pirita (FeS2) e ilmenita (FeTiO3), dentre esses a hematita e magnetita são os de maior interesse, por possuir uma porcentagem superior a 60 % de ferro.

No universo geológico a magnetita e a hematita podem ser encontradas em rochas conhecidas como formações ferríferas bandadas (FFBs ou BIFs do inglês - banded iron formations), que são rochas de origem sedimentar química, apresentando espessura de milímetros até poucos centímetros em intercalações de óxido de ferro (magnetita ou hematita) e bandas claras ou avermelhadas compostas por óxido de silício ou óxido de silício envolvido por película rica em ferro (jaspe).

As formações ferríferas bandadas formam-se a partir de eventos geológicos muito específicos que dominaram o planeta Terra num passado muito distante. Por isso, a maior parte dos BIFs tem uma idade muito antiga entre 2,0 e 3,2 bilhões de anos! Esses períodos da vida da Terra são conhecidos como Arqueano (entre 4,0 e 2,5 bilhões de anos) e Paleoproterozoico (entre 2,5 e 1,8 bilhões de anos).

Segundo os trabalhos de Cloud (1965, 1973) para a formação de um BIF é necessário oxidar o Fe reduzido, ou seja, o cátion Fe +2(II) que está solúvel na água do mar, em Fe +3 (III) que se torna insolúvel ao misturar-se com íons OH-.

Figura 06 - Fotografia de BIF, de Jasper Hill, Michigan, USA.
Fonte: Mindat

Esse processo é auxiliado por bactérias que facilitam essas reações químicas. O Fe na sua forma oxidada e precipita-se e deposita no fundo oceânico. Com o passar do tempo e a continuação destas condições são formadas espessas camadas contendo Fe oxidado.

Após o Paleoproterozoico estas condições específicas que propiciavam a formação dos BIFs deixaram de existir já que o planeta passou por intensas transformações climá-

ticas, biológicas, tectônicas e químicas, incluindo glaciações, efeito estufa extremo e quebra de continentes gigantes.

Os BIFs depois que se formam no fundo do oceano podem sofrer alterações e gerar depósitos lateríticos, onde o Fe é novamente transformado e as rochas e solos associados tornam-se ainda mais enriquecidas. Esses depósitos são formados através do tempo pela ação da água e do vento que alteram quimicamente e fisicamente os BIFs na superfície. Durante o processo as camadas ricas em sílica são lixiviadas, ou seja, removidas, e ocorre uma acumulação dos minerais ricos em ferro que agora são constituídos quase que 100% por hematita.

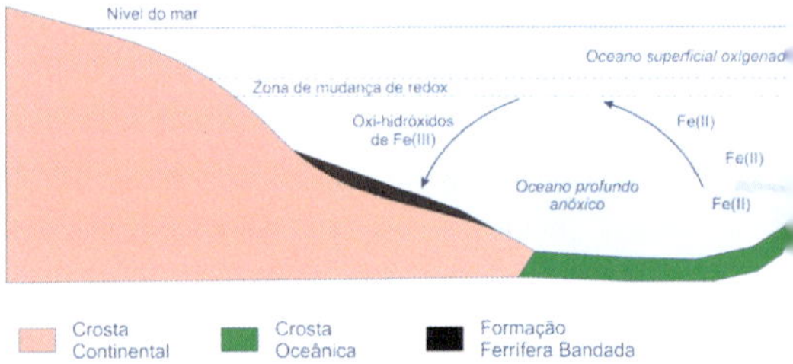

Figura 07 - Desenho esquemático da oxidação do Fe(II) e deposição dos depósitos ferríferos. Fonte: Recursos Minerais de Minas Gerais - RMMG

Ferro no Brasil e no Mundo

No mundo os maiores produtores de ferro são: China, Brasil, Austrália, Índia, Rússia, Ucrânia, África do Sul, Irã, Canadá e Estados Unidos. Durante quase dois séculos, entre 1760 e 1950, ao longo de toda revolução industrial, o Reino Unido foi o maior produtor de ferro do mundo, porém suas jazidas foram se esgotando.

O Brasil é o segundo maior produtor de ferro do mundo, tendo os estados do Pará e Minas Gerais como os maiores produtores, e as regiões do Quadrilátero Ferrífero e Carajás como principais províncias minerais. As BIFs enriquecidas no Brasil são conhecidas pelo nome de "itabiritos" já que foram descritas pela primeira vez na região de Itabira, a nordeste do Quadrilátero Ferrífero, em Minas Gerais. O Quadrilátero Ferrífero é uma região conhecida desde o século XVII, onde , inicialmente, as explorações na região foram feitas com foco no minério de ouro. Somente no início do século XX que a extração de Fe começou a ser realizada e a região recebeu este nome devido à presença de duras capas de coloração escura e resistentes ao processo de erosão que compõem a paisagem dos topos das quatro regiões de serra que circundam os principais depósitos nesta localidade.

A região de Carajás, no Pará, possui os depósitos com maiores teores de ferro do mundo e começou a ser explorada em 1985, sendo descoberto em 1967.

Figura 08 - Imagem aérea da mina de ferro em Parauapebas, Pará, na Serra de Carajás.
Fonte: Pará Web News

CURIOSIDADE

Ao longo dessa seção abordamos a importância do ferro, suas fontes e utilizações. O Brasil produz uma grande quantidade de ferro ao longo do ano, sendo responsável por 73,9% dos bens metálicos produzidos no Brasil no ano de 2020 segundo o Anuário de Mineração da ANM (Agência Nacional de Mineração).

Além disso, o ferro é o segundo produto interno mais exportado, ficando atrás apenas da soja, tendo como principais consumidores: China, Japão, Malásia, Holanda, França e Coréia do Sul.

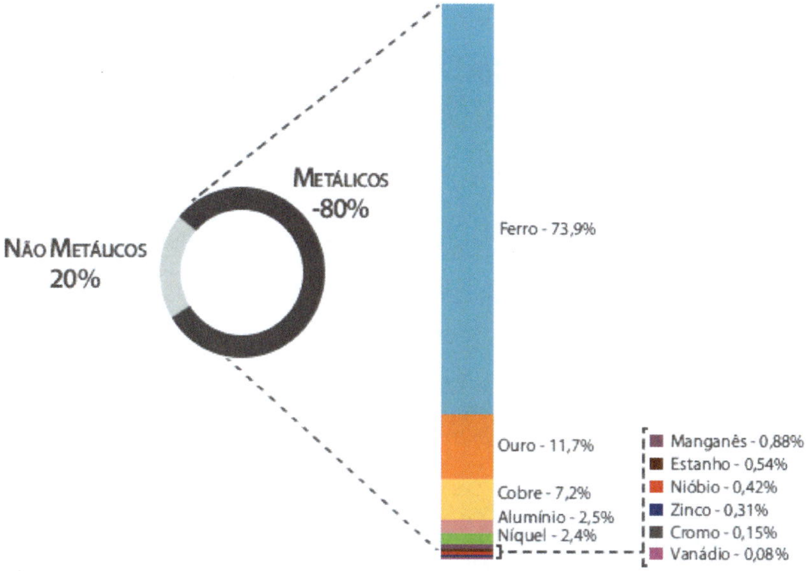

Figura 09 - Gráfico representando a participação das principais substâncias metálicas na produção nacional em 2020.
Fonte: Anuário Mineral Brasileiro 2021

VAMOS FIXAR!

Quais são os minerais mais importantes na mineração do ferro? Por quê?

Qual período geológico é característico para deposição dos BIFs? Por quê?

O Ouro

O ouro é um dos metais mais valiosos do mundo moderno, sendo empregado em diversas áreas.

Os arqueólogos sugerem que a utilização do ouro teve início nas primeiras civilizações do Oriente Médio, acreditam que tenha sido o primeiro metal utilizado pela humanidade, tendo seu registro mais antigo de hieróglifos egípcios de 2.600 a.C, e desde então vem representando riqueza e poder em sarcófagos, coroas, castelos, igrejas, acessórios, e mais recentemente nas tecnologias.

Figura 10 - Pepita de ouro, pesando 20 kg, encontrada em Góias, Brasil no século XVIII, exposta no Museu do Tesouro Real em Lisboa, Portugal.
Fonte: Museu do Tesouro Real

Propriedades do Ouro

O ouro, símbolo Au, é o elemento químico de número atômico 70 e massa atômica 197, apresenta algumas características importantes que o distingue dos outros metais, algumas delas são: brilho metálico, denso, o fato de ser maleável (com apenas 1 grama é possível produzir um fio de 3 Km), dúctil (por essa razão, geralmente é endurecido formando ligas metálicas com prata e cobre) e ponto de fusão elevado (1064° C).

Onde podemos encontrar Ouro?

No planeta Terra existem diferentes rochas e ambientes onde podem ser encontradas jazidas de ouro, sendo formadas por diferentes processos geológicos, entre elas destacam-se:

1. Depósitos primários, onde o ouro está encaixado em rochas duras e foi formado a partir da cristalização de fluidos quentes enriquecidos nesse elemento. Nestes depósitos o ouro nunca está sozinho e sempre forma uma liga junto com a prata.
2. Depósitos secundários do tipo placer: formado pela erosão da rocha fonte, transporte e concentração em outras áreas, sendo comum em leitos de rio. Nestes depósitos o ouro também forma ligas com prata, mas a quantidade de ouro é sempre muito maior do que de prata.

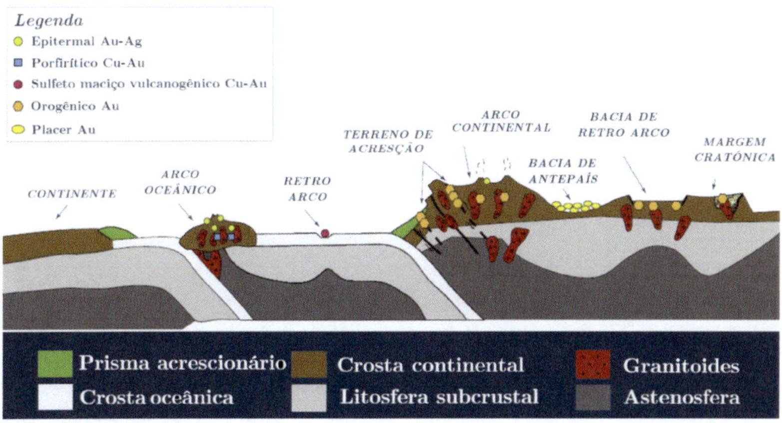

Figura 11 - Seção esquemática representando os tipos de depósitos de ouro nos diferentes tipos de ambientes geológicos.
Fonte: modificado de GOLDFARB, et al. 2015.

Aplicações do Ouro

A utilização mais conhecida para o ouro é na indústria de jóias, sendo componente de alianças, colares, pulseiras e brincos.

O ouro é também utilizado como lastro financeiro, tendo grande importância na economia mundial e também na composição de peças críticas de computadores, naves espaciais e motores de aviões por ser um material pouco reativo, e nos satélites que ficam na órbita da Terra, por serem bons refletores de luz infravermelha.

O ouro também é usado na saúde, como nas restaurações dentárias e para alguns tratamentos de câncer e outras doenças.

Ouro no Brasil e no Mundo

Segundo o Serviço Geológico dos Estados Unidos (USGS), em seu anuário de 2021 os maiores produtores mundiais de ouro neste ano foram: China, Austrália, Rússia, Estados Unidos e Canadá, o Brasil ocupa a décima segunda posição.

No início da colonização portuguesa no Brasil, o território, até então conhecido, era usado para plantação de açúcar e extração do pau-brasil. No século XVII, iniciou-se uma crise nas colônias holandesas, francesas e inglesas, causando uma desvalorização do açúcar, desse modo, a coroa para estimular a busca pelo ouro e pedras preciosas. Iniciou-se então o evento histórico que ficou conhecido como corrida do ouro. O números de imigrantes portugueses que vinham para o Brasil era tanto, que D.João V criou leis para controlar as taxas de emigração.

Com o crescimento dos garimpos, as primeiras vilas foram sendo estabelecidas, como a Vila de São João Del Rei, Vila do Ribeirão do Carmo (atual Mariana), Vila Real de Sabará e Vila Rica de Ouro Preto (atual Ouro Preto), entre outras.

Durante o período da corrida pelo ouro alguns eventos importantes marcaram a história da vida e da política nacional, tal qual inúmeras revoltas como a Inconfidência Mineira, a mudança da capital para o Rio de Janeiro, e principalmente a ocupação do interior do território. Além disso, crescimento demográfico e do comércio local.

No meio da Floresta Amazônica, em um local remoto conhecido como Carajás, no Pará, surgiu um enorme garimpo de ouro em 1980, chamado Serra Pelada. Hoje alguma exploração ainda é realizada pela empresa Vale.

Figura 12 - Fotografia clássica tirada por Sebastião Salgado, ilustrando o garimpo de Serra Pelada, Pará.
Fonte: Iconografia da História

Curiosidade

O planeta Terra é coberto por 70% de água, dessa forma uma questão é levantada:

"Existe ouro nos oceanos?"

E a resposta é: SIM!

Segundo notícias divulgadas em 2017, incluindo a Forbes, cientistas estimam que existem 771 trilhões de dólares em ouro nos oceanos, equivalentes a 41 vezes o PIB dos Estados Unidos em 2016 ou 10 vezes o PIB mundial em 2014. Mineradores, investidores, cientistas e sonhadores, vêm tentando descobrir uma forma de extraí-lo, no entanto diversas questões maquinarias, ecológicas, ambientais e econômicas ainda impedem sua realização.

O Diamante

O diamante, sem dúvidas, é o mineral e a gema mais conhecida no mundo, sendo o símbolo da eternidade, por ser a substância mais resistente conhecida até hoje (dureza 10 na escala de Mohs), concedendo a ele valor, beleza e raridade.

Figura 13 - Diamante bruto de 35,8 ct, encontrado em Minas Gerais, Brasil, no século XVIII, exposta no Museu do Tesouro Real em Lisboa, Portugal.
Fonte: Museu do Tesouro Real

Propriedades do Diamante

O diamante é formado pelo elemento químico carbono, possui hábito octaédrico, é transparente, excelente isolante elétrico, tipicamente são amarelos, marrom ou cinza, e menos frequentemente rosa, azul, verde, roxo e vermelho. Entretanto, sua característica mais importante é a sua dureza 10, o valor máximo na escala de Mohs, sendo assim o mineral mais resistente conhecido, isso ocorre devido a sua forte estrutura cristalina.

Além disso, o diamante é lipofílico e hidrofóbico, ou seja, a superfície do cristal não pode ser molhada por água mas pode perder seu brilho e ser molhada por óleo.

Onde podemos encontrar Diamante?

Hoje o diamante é encontrado em todos os continentes. O início de sua utilização como adorno foi na Índia 2.000 a.C, e desde então, tornou-se símbolo de riqueza, beleza e poder. O termo quilate ou carat (em inglês), com a sigla ct, que representa a unidade de medida utilizada para diamantes e outras gemas, foi dada pelos nativos hindus que acreditavam que o diamante vinha de uma árvore nativa cuja semente se chama cattie e pesa 0,2 g (Chaves & Chambel, 2003), dessa forma 1 ct equivale a 1/5 gramas.

Os diamantes são formados no interior da terra, sob alta pressão e temperatura, acima de 1.000 atm e 1.200° C respectivamente, chegando até a superfície por meio de violentas erupções vulcânicas que dão origem a rochas chamadas de kimberlitos.

O diamante possui uma densidade de 3,53 g/cm^3, sendo assim considerado um mineral pesado. A forma inicial de se minerar diamante, e a mais conhecida, é a partir de depósitos aluvionares, quando grãos de diamante se acumulam no leito e margem de rios devido a sua densidade elevada.

CURIOSIDADE

O nome kimberlito é derivado da cidade de Kimberley, na África do Sul, onde foi descoberta a rocha fonte dos diamantes em 1871 até então explorados em depósitos aluvionares.

Os diamantes são encontrados de forma primária em kimberlitos e lamproítos, tendo a região denominada cratera a mais mineralizada, ou seja, com maior abundância de diamantes.

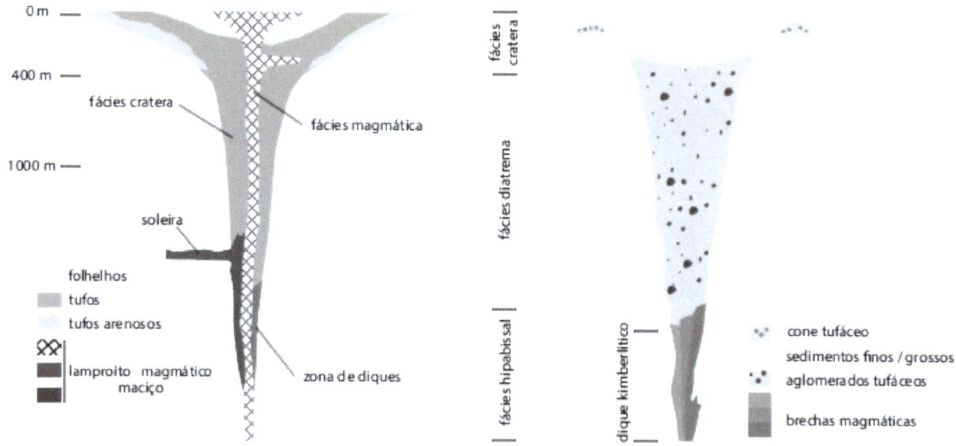

Figura 14 - A imagem A representa um lamproíto e a imagem B um kimberlito.
Fonte: PEREIRA, Ronaldo.

As rochas kimberlíticas e lamproíticas são encontradas em regiões cratônicas, ou seja, as porções mais estáveis e espessas do planeta. Além desta forma primária os diamantes podem ser encontrados em depósitos chamados de secundários, que são os aluvionares.

Aplicações do Diamante

A aplicação mais conhecida para o diamante é como gema, em anéis, colares, pulseiras, relógios, seu uso como adorno é milenar.

No entanto, o diamante também tem outras utilidades no século XX e XXI, por possuir uma alta dureza é usado em pó ou pastas para polir, dar brilho e moldar objetos constituídos de outro material, sendo usado também para cortar e afiar itens em alta precisão.

Existem ainda os diamantes sintéticos, ou seja, aqueles produzidos em laboratório, que são utilizados em pontas de ferramentas indústrias e cirúrgicas para maior exatidão. As brocas que perfuram as rochas para exploração de petróleo, por exemplo, são diamantadas, bem como partes das aeronaves espaciais e os equipamentos levados para explorar e coletar dados em outros corpos celestes.

Figura 15 - Bracelete de diamantes com 9,5 ct.
Fonte: Blue Nile Jewelry

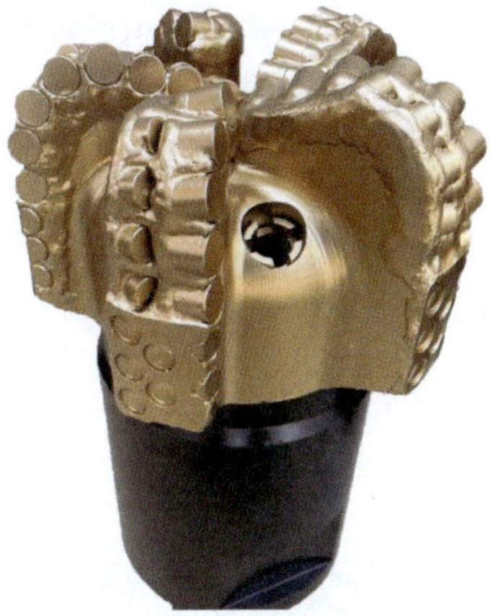

Figura 14 - Broca de perfuração diamantada.
Fonte: Alibaba Global Products

Diamantes no Brasil e no Mundo

O estado de Minas Gerais é particularmente rico em diamantes. Depósitos desse bem mineral são conhecidos em todas as regiões do estado, agrupando-se em quatro regiões maiores, Alto Paranaíba, Serra da Canastra, Serra do Espinhaço e Oeste São Francisco, que são designadas como "províncias diamantíferas" (CHAVES e CHAMBEL, 2003).

O maior diamante encontrado no Brasil, nomeado de Presidente Vargas com 726 ct, foi extraído em 1938 do rio Santo Antônio do Bonito, em Coromandel, Província Alto Paranaíba (REIS 1959).

Figura 17 - Imagem do diamante Presidente Vargas bruto a esquerda e a maior gema lapidada a direita com 48,26 ct.
Fonte: Poésie

A região de Diamantina localizada na Província Serra do Espinhaço é o local das primeiras descobertas de diamante do Brasil, em 1714, se tornando o maior polo produtor de diamantes do mundo, tendo exploração até os dias atuais.

Braúna é a maior mina de diamante do Brasil e da América do Sul, localizada em Nordestina, Bahia.

Quando olhamos para os diamantes a nível mundial, o Brasil hoje não é mais um dos maiores produtores, tendo a Rússia, Botsuana, Canadá, Congo e África do Sul como os cinco maiores produtores.

Figura 18 - Fotografia da maior mina de diamantes do mundo em Mirny, na Sibéria, Rússia.
Fonte: All That's Interesting

CURIOSIDADE

O maior diamante lapidado do mundo pertence à coroa britânica e recebeu o nome de Cullinan, sendo encontrado em 1905 em Transvaal, África do Sul. Quando bruto o diamante tinha 3.106 ct, tendo o título de maior diamante do mundo até hoje.

Figura 17 - Fotografia do cedro e coroa real britânico, com os diamantes Cullinan I e II. Fonte: The Practical Gemologist

O diamante foi cortado e lapidado em 9 gemas maiores e 96 menores. As duas maiores gemas foram colocadas na coroa britânica. O Cullinan I ou Estrela da África possui 530,4 ct, sendo colocado no cedro real. O Cullinan II ou Segunda Estrela da África com 317,4 ct é usado na coroa real. As demais gemas são usadas em broches, tiaras e anéis.

ATIVIDADE 1

CAÇA-PALAVRAS

Ache as palavras desse caça palavras que estão escondidas na horizontal e vertical!

D	E	S	D	I	A	U	I	U	P	G	U	G	E	O	P	A	X	G	R
R	L	O	G	X	P	R	M	I	N	X	P	R	O	S	O	U	I	R	M
O	I	X	U	P	F	D	P	R	E	S	G	E	O	E	P	É	I	U	A
M	I	N	P	E	C	I	T	É	T	X	P	E	C	I	T	E	X	O	N
Q	R	Ç	Ã	O	T	A	D	I	A	F	E	U	U	S	F	L	O	G	I
P	R	O	S	M	I	M	G	O	P	R	O	S	P	E	C	Ç	Ã	O	A
X	M	I	N	E	T	A	U	T	S	I	U	G	X	T	I	Y	X	O	B
I	N	X	T	B	G	N	T	C	A	T	A	I	B	Y	N	É	R	G	E
S	É	U	I	X	Q	T	G	R	B	F	E	R	É	U	Z	E	I	O	O
R	R	T	P	T	F	E	R	R	O	G	M	I	X	T	C	Ç	Ã	O	T
R	Z	T	R	Q	I	Y	G	U	É	I	S	C	B	E	O	G	U	S	G
G	M	B	O	P	G	T	V	O	X	O	U	R	O	P	C	X	G	I	A
C	I	T	S	B	C	G	Z	Q	U	T	G	Ç	N	A	E	C	Y	S	G
E	N	C	Z	R	R	M	I	N	É	G	I	Ã	T	F	E	R	I	O	E
T	E	S	B	Q	I	P	P	S	C	B	M	O	M	I	N	É	R	I	O
Q	R	I	P	C	A	L	I	P	T	X	I	X	U	P	Z	S	T	S	L
T	A	S	F	M	I	N	A	G	U	I	O	M	A	N	T	E	U	I	O
G	L	T	E	Y	X	G	T	A	T	A	O	U	Ç	Ã	O	T	O	U	G
U	Z	U	R	P	Z	U	A	M	I	M	A	T	A	I	L	O	G	I	I
M	I	G	E	O	Ç	Ã	O	F	E	R	R	P	R	A	M	I	R	A	A

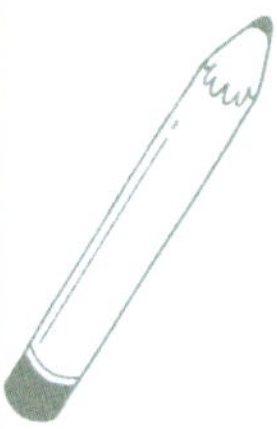

- diamante
- ferro
- geologia
- mina
- mineral
- minério
- ouro
- prospecção

ATIVIDADE 2

LABIRINTO

Encontre o caminho correto para chegar ao final do labirinto!

ATIVIDADE 3

HORA DE PENSAR!

Agora que você aprendeu um pouco mais sobre o ouro, o diamante e o ferro, pense na importância desses minérios na sua vida. Explique sua importância e onde podem ser encontrados no seu dia-a-dia.

ATIVIDADE 4

PESQUISA!

Sabemos que a mineração afeta o nosso planeta de muitas maneiras. Há algumas décadas não existiam regras e deveres para as empresas, hoje, depois de muitos estudos, debates e consequências, leis se fazem necessárias para a reduzir e minimizar os danos. Faça uma pesquisa e cite algumas obrigações que a ANM (Agência Nacional de Mineração) solicita às empresas que realizam prospecção e exploração mineral no Brasil.

Gabarito

A SEGUIR VEM O NOSSO GABARITO!

ENTÃO NÃO ESPIE SE NÃO TIVER TERMINADO AS ATIVIDADES.

GABARITO

Agora vamos ver os gabaritos das atividades 1 e 2.

ATIVIDADE 1

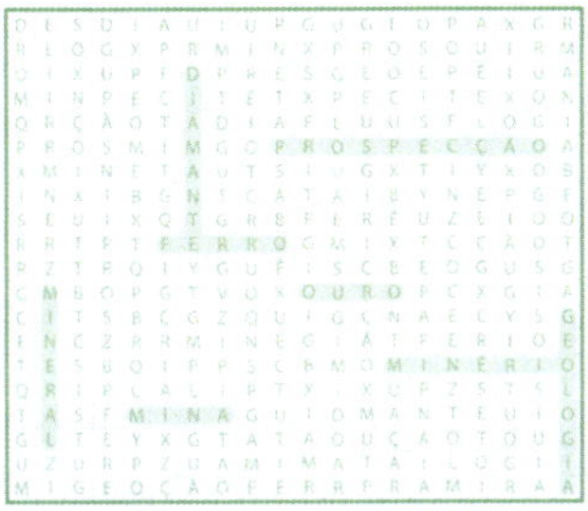

- diamante
- ferro
- geologia
- mina
- mineral
- minério
- ouro
- prospecção

ATIVIDADE 2

Referências

BIZZI, LUIZ; SCHOBBENHAUS, CARLOS; VIDOTTI, ROBERTA; GONÇALVES, JOÃO. Geologia, tectônica e recursos minerais do Brasil. Brasília : CPRM – Serviço Geológico do Brasil, 602P. 2003.

CHAVES, M.L.S.C. & CHAMBEL, L. Diamante: a pedra, a gema, a lenda. São Paulo: Oficina de Textos, 231 p, 2003.

CLOUD JR, Preston E. Significance of the Gunflint (Precambrian) Microflora: Photosynthetic oxygen may have had important local effects before becoming a major atmospheric gas. Science, v. 148, n. 3666, p. 27-35, 1965.

CLOUD, Preston. Paleoecological significance of the banded iron-formation. Economic Geology, v. 68, n. 7, p. 1135-1143, 1973.

DE MORAIS, Claudeílson Santos. O Estado territorial da Assíria: armas em metal e território entre o fim do Bronze Tardio e início da Idade do Ferro, 1450-1000 aC. Editora Dialética, 2022.

GOLDFARB, Richard J.; GROVES, David I. Orogenic gold: Common or evolving fluid and metal sources through time. Lithos, v. 233, p. 2-26, 2015.

PEREIRA, Ronaldo. Caderno de apoio: Geologia econômica. Setor de Geologia Econômica e Prospecção Mineral - DGAP/FGEL/UERJ.

REIS, E. 1959. Os grandes diamantes brasileiros. Boletim DNPM/DGM, 191:1-66.

XAVIER, Janaina Silva. Pós-graduação em artes, patrimônio cultural e conservação de artefatos. 2006.

https://forbes.com.br/colunas/2017/09/oceanos-contem-us-771-trilhoes-em-ouro/#:~:text=Se%20voc%C3%AA%20est%C3%A1%20procurando%20ouro,busca%20uma%20tarefa%20extremamente%20dif%C3%ADcil. acessado em Dezembro de 2022

https://pubs.usgs.gov/periodicals/mcs2021/mcs2021-gold.pdf